DESCRIPTION D'UN VOYAGE

DESCRIPTION D'UN VOYAGE

AUX

ÉTABLISSEMENTS THERMAUX

DE L'ARRONDISSEMENT DE LIMOUX

AVEC UNE CARTE ROUTIÈRE

PAR

EUGÈNE STUBLEIN

LIMOUX

IMPRIMERIE C. BOUTE, RUE DES AUGUSTINS, 13

—

1877.

ÉTABLISSEMENTS

PARIS

Je me proposais de publier les lettres qui suivent dans des journaux de l'Aude, dont j'ai l'honneur d'être le correspondant ; mais les Directeurs de ces feuilles me conseillent fortement de vous livrer en une brochure les cinq parties de ma *Description d'un voyage aux Établissements thermaux de l'arrondissement de Limoux*, afin de vous en rendre la lecture plus facile. J'accède à leurs bons avis.

Je serai heureux si ma détermination vous est agréable, et surtout si je peux contribuer à vous délasser dans un voyage que plusieurs d'entre vous réalisent avec beaucoup de fatigue.

Je vous livre mes lettres sans y rien changer.

Eugène STUBLEIN.

4 Août 1876.

Je vous livre mes lettres sans y rien changer.

Eugène Sue.

Avril 1840.

Monsieur le Directeur,

A cette époque de villégiature, vos lecteurs seront charmés que je leur donne quelques descriptions des stations balnéaires de la vallée de l'Aude, où il leur sera d'autant plus agréable de se rendre aujourd'hui que le chemin de fer est livré à la circulation jusqu'à Limoux.

[illegible]

[illegible]
[illegible]
[illegible]
[illegible]
[illegible]

DESCRIPTION D'UN VOYAGE

AUX ÉTABLISSEMENTS THERMAUX

DE L'ARRONDISSEMENT DE LIMOUX.

I. – Alet.

La première est Alet, à neuf kilomètres du chef-lieu d'arrondissement ; e'le est située sur la rive droite de l'Aude, dans un vallon des plus pittoresques, au pied des contreforts pyrénéens, à une altitude de 180 mètres au-dessus du niveau de la mer.

On ne connait pas la date de la fondation d'Alet ; mais comme partout où des abbayes se sont élevées, il n'a pas été rare de voir bientôt un centre de population, s'il n'existait déjà, on fait remonter l'origine de cette cité à celle de l'abbaye d'Alet, qui fut fondée en l'an 813 par Bera, comte de Barcelonne. L'abbaye prend de l'extension ; en

1018, son église, consacrée en 873, est réparée et de nouveau consacrée. Alet voit son monastère et son église ravagés par un comte de Béziers en 1032. Il restaure ses édifices, et, en 1197, il s'entoure de remparts. Il est le siége d'un évêché, de 1318 à 1789, et c'est l'église du monastère qui est érigée en cathédrale. Aujourd'hui il n'y a que quelques faibles restes du monastère, et la cathédrale est en ruines. Les réformés dévastèrent ces deux beaux édifices, et la Révolution de 1789 a presque achevé de détruire ce qui en était resté debout après les luttes du XVIme siècle. — Comme tous ces faits sont intimement liés à l'histoire du pays que nous allons parcourir et dont Alet était le centre principal, j'ai cru devoir les relater ici.

L'établissement des bains est à 150 mètres de la ville; il possède deux sources thermales, qui ont un maximum de 52 degrés centigrades, et une source froide. Il est, à ce jour, des plus vastes, des plus riches, avec des dépendances les plus élégantes : on peut dire que cette station thermale est de premier ordre. Les eaux sont alcalines et ferrugineuses. Je n'ai pas besoin de parler de l'abondance des sources ni de dire que les eaux d'Alet sont d'un usage très-répandu dans les convalescences des maladies aiguës, les dyspepsies, la migraine, la chlorose et l'état nerveux.

Tout ici a de l'attrait : la variété des sites, la douceur constante du climat, l'urbanité franche des habitants et le charme de la campagne. Dans le vallon est un mélange de paysages qui forme le plus beau des contrastes : à côté des restes sévères du cloître, de l'évêché et de la cathédrale, sont des maisons d'un style tantôt grave et tantôt coquet;

là, une antique cité; ici, la nouvelle ville; ailleurs, la gare du chemin de fer que l'on achève de construire. Partout sont des jardins où abondent les meilleurs fruits et où mille cascades procurent une fraîcheur vraiment délicieuse. Et lorsqu'on voit quelques pans de château ou de fortifications, des acqueducs, des ruines de thermes, un horizon de montagnes parfois calcinées, on se croirait, avec un ciel bleu sur la tête, transporté au milieu d'une ancienne cité de la Grèce. Puis, que de sujets variés et intéressants pour un archéologue, à Alet : aux ruines du monastère, où l'architecture est du plus pur antique, et à celles de la cathédrale où le genre du xie siècle, avec son architecture gothique, succède aux idées romaines avec leurs chapitaux corinthiens seuls, leurs formes polygonales..... Notre cité est bien là dans toutes ses époques. Si Alet sait conserver ce qui lui reste encore de ses beaux monuments, ce sera pour lui la plus belle page de son antique histoire.

La campagne, réellement digne de l'Alsace et des Vosges, par les accidents et la verdure, offre au naturaliste, au botaniste comme à l'antiquaire, un vaste champ à étudier. Que la nature y est belle et qu'on s'y trouve bientôt délassé ! c'est une végétation épaisse et abondante; ici, des bois de chênes et de châtaigniers ; à côté, la vigne, l'olivier et le figuier; plus loin, des rochers élevés où grimpent, tombent et s'enlacent des feuilles de plantes, d'arbustes de toutes sortes et de toutes formes ; dans la vallée, l'Aude qui serpente en répandant partout la fraîcheur ; et, au loin, perdues dans l'horizon, les Pyrénées avec leurs vastes champs de sapins, et couronnées de neiges éblouissantes. Enfin, l'eau qui abonde partout ; elle sort tantôt de terre avec fracas et se répand paisible dans la vallée ; parfois elle se précipite écumante comme un fleuve qui aurait rompu ses digues, pour s'infiltrer sous la verdure et le feuillage, et sortir plus loin en mille ruisseaux argentés....

Tout a de l'attrait, tout est pittoresque, tout est délices ; aussi, est-ce avec le plus vif regret que je m'éloigne du beau pays alétien. Je laisse ici beaucoup de touristes, une nombreuse société de beau monde et une affluence de convalescents.

Je me rends à Rennes, dont je vous promets la description.

16 juillet 1876.

II. – Rennes.

J'arrive en touriste à Rennes, ayant voulu, d'Alet ici, jouir et de la beauté de la campagne et de l'originalité des paysages.

Après avoir, jusqu'au joli bourg de Couiza, ancienne résidence des Joyeuse et des Guize, longé, pendant sept kilomètres, la rivière, dans une riante et fraîche vallée, sur une belle route bien souvent encombrée, soit par des voitures et des piétons, soit par de nombreux ouvriers qui tracent la voie ferrée de Limoux à Quillan, j'ai quitté, à regret, l'Aude, parfois capricieuse et toujours ombragée, pour prendre la direction de son affluent tranquille, la Sals, après avoir admiré au loin, vers le Sud, du côté de Quillan, une foule de villas blanches, se dessinant sur un fond de verdure couronné de rochers rouges et bleus.

La route qui conduit à Rennes se bifurque ici à angle droit et se dirige vers le Sud-Est, au fond d'une sorte d'entonnoir, dans une vallée formée par des montagnes où quelques cratères semblent vous apparaître. Tout est sombre et beau : à droite, l'antique manoir de Rennes; à gauche, le château-fort d'Arques, et, plus loin, dans l'horizon, le pic imposant de Bugarach. Nulle fatigue, car tout vous rappelle mille souvenirs historiques, les plus anciens et les plus palpitants d'intérêt. Là (à côté de Peyrolles), c'est un druide au regard sévère, qui vous apparaît à côté d'un menhir; ailleurs, des armées de peuples divers qui franchissent tour à tour les Marches-d'Espagne pour envahir la Gaule, et, sur le flanc des montagnes, nos preux ancêtres qui leur disputent le passage. Séduit par tant d'attraits, j'ai de la peine à en croire mes yeux, lorsque je me vois à Rennes ; cependant je viens de franchir un espace de sept kilomètres, depuis Couiza ; et c'est au bruit d'une cascade d'eau fumante, qui se confond au brouhaha lointain d'un peuple dans la joie, que je sors de ma léthargie. Après avoir admiré les établissements de bains qui tous longent la route, je vais me confondre dans Rennes au milieu d'une foule qui souffre, qui joue, qui se promène, qui chante, qui danse; et si je n'eusse vu un grand nombre de sujets d'Esculape, je me fusse cru transporté dans un Cirque-Olympique.

Rennes jouit à juste titre d'une réputation la plus ancienne et la plus étendue : les Romains, de même qu'à Alet, y avaient des thermes; plusieurs têtes couronnées sont venues implorer le bienfait de ses eaux ; et l'on n'est plus étonné du grand renom de cette station balnéaire, lorsqu'on a vu, ici, trois sources thermales de 38 à 52 degrés, différentes de vertus, chacune avec son établissemennt ; là, des eaux ferrugineuses froides, et, plus loin, des eaux salines les plus abondantes. L'on constate ici, tous les ans, des guérisons sans nombre de rhumathismes articulaires, de paralysies, de maladies de la peau et de névroses. Aussi, est-ce partout encombrement; c'est un mélange de coiffures ou de langage qui vous fait comprendre que l'on vient de loin à Rennes, et, dans l'encombrement, une union fraternelle de toutes les conditions qui vous dit bien haut que, dans la souffrance comme par la charité, les hommes sont heureux de se confondre.

A bientôt une lettre de Campagne.

20 juillet 1876.

maladies de la peau et de névroses. Aussi, soit en partant ensuite urinant ; c'est un mélange de coiffures ou de langage qui vous fait comprendre que l'on vient de loin à Rennes, et, dans l'accablement, une union fraternelle de toutes les conditions qui vous dit bien haut que, dans la souffrance comme par la charité, les hommes sont heureux de se confondre.

A bientôt une lettre de Campagne.

30 juillet 1870.

III. — Campagne.

Mille idées se heurtent dans mon esprit, tant il me reste d'impressions de mon voyage de Rennes à Campagne. A trois kilomètres de Couiza, j'ai visité avec beaucoup d'intérêt, la résidence en quelque sorte châtelaine de Caderonne, de construction moderne, assise sur l'un des pittoresques mamelons qui dominent le bourg industriel d'Espéraza. A gauche de Caderonne, j'ai gravi une verte colline jusqu'aux portes du château de Rennes, et j'ai eu là une halte des plus délicieuses et un point de vue des plus beaux. A mes pieds, la rivière de l'Aude avec ses eaux de cristal ; à droite, la riche vallée de Rouvenac ; au loin, l'antique et intéressant château de Puivert, que je me suis plu à contempler dans toute sa splendeur, au temps où son illustre comte Raymond-Bérenger IV, né dans le Pays-de-Sault, devenait, vers 1137, roi d'Aragon, comme aussi à l'époque où les gais Troubadours y tenaient leurs assemblées joyeuses. Plus bas, les Sauzils, dans un imposant bouquet de chênes et d'ormeaux deux fois séculaires ; puis, Nébias, sur la ligne de partage des eaux entre la Méditerranée et l'Océan ; à gauche, les montagnes de St-Louis avec leurs rochers calcaires et abruptes, et, à l'horizon, un immense tapis de verdure, formé par les premiers contreforts des Pyrénées, le tout richement éclairé par un beau soleil levant. Après ma pérégrination, je me promets bien de venir me délecter dans ces lieux.

J'ai été bientôt rendu, Caderonne n'étant qu'à un kilomètre de Campagne. J'avoue que, sans mes engagements, j'eusse dressé ma tente ici. Tout y est coquet en même temps que grandiose ; c'est un mélange qui vous plaît toujours ; de beaux platanes dans un horizon découvert ; plusieurs jardins, la rivière de l'Aude, une fraîche vallée où sourdent les sources ferrugineuses-magnésiennes et un bel établissement, voilà ce qui fait le charme de ces lieux. Les eaux de Campagne sont surtout prises en boisson ; elles sont efficaces dans les maladies de l'estomac, dans la gravelle et la débilité.

Malgré les chaleurs qui sont, ces jours-ci, sénégaliennes, on ne cesse de jouir ici d'une brise qui vous pénètre agréablement, embaumée surtout qu'elle est par un tribut de thym, de lavande et de laurier-rose qu'elle emporte des beaux côteaux voisins. — De même qu'à Alet et à Rennes, je trouve ici une grande affluence.

Je vous écrirai de Ginoles, qui n'est distant de Campagne que de neuf kilomètres.

23 juillet 1876.

———

IV. — Quillan. — Gignoles.

J'arrive, par une matinée des plus belles, monté sur un cheval — du pays, — qu'un de mes amis m'a prêté pour ma nouvelle pérégrination.

Que la nature est belle de Campagne ici! Vraiment, toutes les stations thermales de l'arrondissement de Limoux sont des terres classiques de promenades : partout des sites toujours plus pittoresques et toujours plus nouveaux; et qu'elle satisfaction de les parcourir, monté sur un jeune coursier qui, avec l'élégance de l'arabe, en a la vivacité et la souplesse!

Je me suis arrêté pour contempler le château en ruines qui couronne un promontoire à l'entrée de la ville de Quillan. Il en reste assez pour y trouver un cachet de construction aragonaise.

Je ne vous fais pas l'historique de Quillan qui, de 918 au traité de Maux, 1229, fut une dépendance du Duché de Narbonne, qui eut bien des luttes à supporter, comme se trouvant, soit dans les Marches-de-Septimanie, soit sur la limite des possessions aragonaises. Je ne dirai rien de la résistance admirable de ses braves habitants, dans un siége mémorable, avec de faibles remparts et la trahison de La Michance. Vous savez aussi que Quillan, ancien chef-lieu de district et de Maîtrise des Eaux et Forêts, est aujourd'hui chef-lieu de canton.

Quillan est dans une plaine très-riante, ayant la forme d'une moitié de sphère. Cette plaine, d'une étendue très-restreinte, est limitée : au sud et à l'ouest, par de hautes montagnes, qui sont les contreforts du Pays-de-Sault, et le commencement des Corbières ; au nord et à l'est, par des côteaux d'une pente rapide. L'on découvre à l'ouest et au sud, une vraie mer de sapins et de hêtres ; au nord et à l'est, la vigne et l'olivier, et, dans la plaine, une culture les plus variées, avec une fécondité merveilleuse, surtout en produits maraîchers. On pourrait voir de belles châtaigneraies sur les côteaux du sud-est.

Mais ici, quel grand champ ouvert aux études géologiques ! Si je m'occupe de la nature du sol arable, je vois une petite plaine, qui a tout au plus trois kilomètres de rayon, entourée de trois bassins différents : c'est le calcaire à côté de l'argile et du schiste, et, dans ce petit espace, peu de ressemblance marquée dans les terres d'un même bassin, tant les soulèvements du globe ont dû être grands dans un pays aussi accidenté. Il faut dire aussi que de nombreux ruisseaux arrosent la plaine ; que ces ruisseaux prennent leur source dans des terrains différents, et que le mélange des sédiments avec la terre primitive a bien contribué à changer la nature de cette dernière. Le long de l'Aude sont des terres d'un alluvion pur, avec du quartz, où il me semblait voir de belles houblonnières. Enfin, beaucoup de cailloux roulants, dans le sous-sol, loin de la rivière de l'Aude, ce qui prouve que cette dernière a dû couler dans d'autres lieux, si elle n'a eu un lit plus étendu.

C'est de Quillan que j'écris ces lignes. Je vais enfourcher mon leste coursier pour me rendre à Gignoles.

Gignoles (de *gignus*, dit on) n'est qu'à deux kilomètres de Quillan, vers l'ouest, au pied des riches montagnes du Pays-des-Forêts, le Pays-de-Sault, et dans un charmant vallon, avec un *nec plus ultrà* frappant, à quinze cents mètres, lorsqu'on rencontre lesdites montagnes, qui sont à pic et qui n'ont pas moins de six cents mètres d'élévation.

Gignoles possède trois sources qui ont 1, 23 et 27 degrés; elles sont alcalines-magnésiennes; elles sont employées surtout en boisson; on leur attribue beaucoup de cures dans les affections nerveuses et les nombreuses maladies qui en sont la conséquence.

Tout ici a de la variété, du charme et de la grâce : beaucoup de verdure avec de beaux massifs, des sources abondantes, de vastes établissements et une bonne et nombreuse société; des divertissements et beaucoup de promeneurs, car Gignoles est, on peut dire, un des boulevards de Quillan.

Je passe quelques jours à Quillan, où j'ai des amis. Je vous écrirai d'Escouloubre, dont les eaux ont un grand renom.

27 juillet 1876.

V. – Escouloubre.

Avant de vous faire la description de mon nouveau voyage, j'ai dû attendre une journée pour mettre de l'ordre dans ma narration, tant j'ai été vivement impressionné par la variété et surtout l'originalité frappante des sites, de Quillan à Escouloubre.

Après Quillan, c'est un vallon avec de frais ombrages ; ce sont des scieries mécaniques ; des forges et des chapelleries dont les forces motrices sont dues à des prises d'eau établies sur la rivière de l'Aude, puis le village coquet de Belvianes et son manoir seigneurial, et, tout-à-coup, une montagne de six cents mètres d'élévation, au bas de laquelle se continue la route d'Escouloubre, dans une immense et étroite brisure, d'où sortent, comme si elles venai.... ....re épouvantées, les eaux turbulentes de la rivière ue l'Aude. Il m'est impossible de décrire l'émotion enthousiaste dont ces lieux remplissent l'âme du touriste. Le défilé dit de la Pierre-Lys n'a d'autre espace que celui de la rivière et de la route, et, à droite et à gauche, vous vous sentez comme resserré entre de gigantesques rochers qui s'élèvent à pic et semblent surplomber au-dessus de votre tête.

Cependant le vent chaud fraîchit ici de plus en plus ; l'horizon s'ouvre un peu parfois et vous vous plaisez à contempler tout ce que les commotions du globe ont créé de belles horreurs dans ces pays de montagnes. C'est partout des rochers déchirés ; ici, à six cents mètres d'élévation, des crêtes nues où l'aigle plane comme immobile ; plus bas, quelques touffes d'yeuses ou de figuiers sauvages dans des fentes de rochers ; à quelques pas de vous, une eau verdâtre, écumeuse, qui sort avec fracas d'un antre noir et profond ; et toujours, à côté d'une route sinueuse, la rivière de l'Aude qui, à neuf cents mètres en contre-bas de sa source et après cinquante kilomètres de parcours, lutte encore pour se frayer un passage.

Enfin, l'horizon se découvre encore ; l'on aperçoit les ruines de l'antique monastère de Léez ; quelques maigres champs apparaissent, et l'on arrive peu après au modeste village de St-Martin-Lys où habitait, il y a cinquante quatre ans, l'humble prêtre, du nom de Félix-Armand, homme de génie et de dévouement à toute épreuve s'il en fût, qui, le premier, et avec le seul concours de ses paroissiens, osa tracer un chemin dans les gorges que nous venons de traverser. « Après six ans, le roc est vaincu, c'est le soleil de mai 1781 qui pénètre dans ses flancs, restés clos depuis la création..... Et, désormais, le muletier assis sur sa bête, pourra faire, en moins d'une heure, le même trajet qu'il mettait auparavant une demi-journée à parcourir, par un chemin semé de mille dangers. »

Après St-Martin-Lys, la nature devient plus riante. Ici, des côteaux peuplés de chênes, de hêtres et de sapins ; là, deux belles routes qui conduisent l'une à Bayonne, l'autre à Perpignan ; partout, des vallons et des troupeaux ; plus loin, des terres où s'élèvent en épis de magnifiques moissons, et puis Axat, chef-lieu de canton, avec ses paysages les plus variés, ses eaux abondantes et limpides, ses grasses prairies, sa jolie promenade de peupliers et ses anciennes forges.

Peu après, le paysage change tout-à-coup : la vallée se resserre de nouveau, et les gorges vraiment imposantes de St-Georges, sont là qui se dressent avec leurs montagnes gigantesques et ardues. On dirait vraiment qu'ici une épée immense a séparé deux rochers, tant les parois sont à pic et unies. Après cinq cents mètres dans l'ombre et la fraîcheur, on se retrouve heureux de revoir le soleil. L'horizon se découvre et tout devient si ravissant par les changements fréquents des tableaux, que l'on ne s'aperçoit point de la longueur de la route. C'est Ste-Colombe-sur-Guette. avec ses forges ; Roquefort-de-Sault, ancien chef-lieu de canton, et bientôt Le Bousquet et Escouloubre. A côté est l'établissement thermal de Carcanières, dans le département de l'Ariége.

Ce qui m'a le plus surpris, ce qui pour moi tient du prodige, c'est que, dans un pays si accidenté, l'on soit parvenu à construire les belles routes qui le sillonnent, comme aussi à creuser mille canaux pour l'établissement de tant d'usines, en allant parfois recueillir les eaux à plusieurs lieues de distance : on ne pouvait pas mieux faire, dans l'intérêt d'une population aussi déshéritée que l'était celle de ces montagnes. Félix-Armand a été un homme admirable et l'on peut dire qu'il a eu de dignes successeurs.

Escouloubre possède deux sources d'eau thermale, de 31 à 50 degrés, et une fontaine dont les eaux jaillissent d'une hauteur de 40 mètres, à deux kilomètres du village. Le nombre des malades qui s'y rendent est considérable. Les eaux sont sulfureuses. L'anémie, les maladies de la peau y sont traitées avec le plus grand succès.

On a fait beaucoup d'améliorations, et l'on peut faire beaucoup avec des eaux aussi abondantes et des cascades si riches.

Je n'ai pas voulu quitter ces lieux sans aller sur les hauteurs voisines (mais avec un guide expérimenté, à cause des passages perfides que l'on rencontre souvent dans ces montagnes), sans aller, dis-je, sur les montagnes voisines, pour contempler l'immense pays qui se déroule à vos pieds, avec les accidents les plus divers de montagnes, de précipices, de vallées, de plaines, et admirer mille paysages plus riants le matin, plus mélancoliques le soir. Et là, reportant ma pensée à plusieurs siècles en arrière, j'ai vu les puissants comtes de Barcelonne dans leurs luttes incessantes avec ceux de Carcassonne et de Foix, perdre tant de richesses qui auraient soulagé tant d'infortunes; je me suis plu à suivre l'éminent Prélat de Pavillon, évêque d'Alet, franchissant mille dangers, à pied, au milieu des neiges et parfois seul, pour venir évangéliser le pauvre montagnard ou lui porter quelques soulagements dans ses souffrances. C'est d'ici surtout que j'ai admiré, dans leur vaste ensemble et dans leurs combinaisons intelligentes, les établissements industriels sans nombre que la munificence des La Rochefoucauld - Bayers a fondés pour répandre partout le bien-être, dans un pays naguère délaissé, et que j'ai pu apprécier ce que l'Etat, comme les particuliers, ont dû faire de sacrifices, et les représentants du pays user de persévérance, pour la création, depuis vingt ans à peine, de tant de belles routes dont ces montagnes sont dotées. En reliant si bien entre elles les populations dans leurs nombreux intérêts d'échanges et de commerce, on ne pouvait pas aussi mieux travailler et à leur bien-être et à leur civilisation.

30 juillet 1876.

TABLE.

Contraste insuffisant

NF Z 43-120-14